Titolo del libro: DNA a soqquadro

ISBN: 9780244055004

DNA A SOQQUADRO

PASQUALE SABINO

1. PREFAZIONE

In questo breve testo si parlerà delle tecniche utilizzate in agricoltura allo scopo di ottenere prodotti sempre migliori ma soprattutto sempre più resistenti ai parassiti, argomento che da sempre affligge l'agronomia. Sono tecniche tra l'altro utilizzate anche in altri campi come la zootecnica, la medicina, e partiremo dall'antica tecnica che attraverso selezioni di determinati esemplari porta a un continuo ma lento miglioramento di una specie e chiuderemo con le moderne ma tanto discusse biotecnologie.

L'obiettivo è quello di informare il lettore (ma senza dare opinioni personali) sul fatto che per molti alimenti che circondano la vita di tutti i giorni (e che noi riteniamo ancora frutto di madre natura) sono state svolte, dietro alle quinte, miriadi di attività spesso anche bizzarre.

Saranno trattati argomenti generalmente complessi (genetica, chimica nucleare, biotecnologia) cercando di comunicare con un linguaggio semplice ed esporre i concetti in maniera estremamente semplificata, paragonandoli ad altri argomenti più facili da comprendere.

2. SELEZIONISMO

Addomesticare un animale selvaggio, quindi un animale con caratteristiche in sostanza non usufruibili dall'uomo, significa riuscire ad avere il controllo di questi esseri con lo scopo di conviverci (ma non necessariamente) e quindi di sfruttarli come fonte di cibo e materiali pregiati, come mezzi di trasporto e tantissime altre cose. Basti pensare, per fare un esempio evidente, al cane che non è altro che un lupo addomesticato e addirittura addestrato in svariati ambiti che vanno dall'antica arte venatoria fino ai drammatici eventi sismici.

L'addomesticamento non è un'attività semplice ed immediata, è irrealistico infatti pensare che per fare questo sia sufficiente catturare un animale selvaggio ed ammansirlo con qualche misteriosa tecnica, ma esso è un paziente processo che prevede la selezione di esemplari con caratteristiche volute e cioè, in questo caso, più docili.

Un esperimento ha dimostrato che questo metodo è in alcuni casi relativamente rapido (poche unità di generazioni) e sono riusciti ad addomesticare un altro canide molto selvaggio, la volpe. La procedura usata, dopo aver ovviamente catturato un certo numero di volpi, è stata quella di valutare con una serie di test il grado di aggressione delle bestie e continuare questo pseudo allevamento facendo accoppiare solo gli esemplari risultati più pacifici.

Per le coltivazioni, nel passato, è stata adottata la stessa procedura. Il selezionismo quindi non è altro che una lenta selezione di piante scegliendo di volta in volta quelle migliori per le caratteristiche desiderate. Per esempio volendo assicurarsi nel tempo delle angurie sempre più grosse pianterò nelle successive stagioni solo i semi provenienti dai frutti più pesanti con l'indiscutibile aspettativa di innescare un processo non a scapito di altre caratteristiche (maturità, dolcezza, ecc.).

È utile ricordare, come Darwin ci ha insegnato, che le selezioni avvengono anche in maniera naturale. La selezione naturale è quel meccanismo con cui si ha un progressivo aumento d'individui con caratteristiche ottimali per l'ambiente di vita.

3. IBRIDISMO

Esiste una lunga lista di animali ibridi, nati da "specie" diverse, e alcuni di questi hanno ovviamente nomi inusuali e a volte anche buffi come per esempio per lo zebrallo, dal cui nome si capisce bene che è un incrocio tra una zebra ed un cavallo. Noi siamo abituati a ibridi come il mulo e il bardotto, ma ce ne sono degli altri che non fanno parte della vita di tutti i giorni come lo zonkey (incrocio tra una zebra e un'asina), lo zony (incrocio tra una zebra e un pony), ecc. Come si può notare questi incroci sono ottenuti tra animali dello stesso "genere", in questo caso tra equini, ma se ne possono annoverare anche ibridi ottenuti tra felini, tra cui lo Jagulep (incrocio tra giaguaro e femmina di leopardo) e il Leopone (incrocio tra leopardo e leonessa), i cui nomi sembrano usciti da un film di fantascienza, o tra bovini, ovini, ecc.

Anche la fauna non è esente da fenomeni d'ibridismo utilizzato per modificare o far emergere delle caratteristiche, renderle stabili per mezzo d'incroci successivi e generare infine delle nuove varietà.

Come esempio di alimento ottenuto attraverso il processo d'ibridismo possiamo menzionare il famoso grano duro Senatore Cappelli e raccontare brevemente la sua storia.

All'inizio del '900 il marchese Raffaele Cappelli permise a uno dei più grandi genetisti agrari, Nazareno Strampelli, di effettuare sperimentazioni (miglioramento genetico attraverso incroci) sui campi di sua proprietà (Foggia).

Strampelli aveva iniziato a studiare le caratteristiche del grano tenero Rieti Originario e si era convinto che il selezionismo, di moda a quei tempi, fosse inutile su questi tipi di grani, le cui caratteristiche genetiche erano rimaste immutate per secoli, ed era quindi necessario inserire nuove caratteristiche prendendole da altre varietà (ibridismo).

Strampelli allora si fece arrivare oltre 250 tipologie di grano da ogni parte del mondo e iniziò a incrociare le piante per ottenere varietà di qualità sempre più crescenti.

Ma già prima, in tempi non sospetti, egli aveva provato a incrociare il Rieti Originario (resistente a malattie ma soggetto all'allettamento, cioè al ripiegamento a causa di vento e pioggia) con il Noè che aveva in effetti caratteristiche opposte.

Uno dei primi grandi successi di Strampelli fu il grano Ardito, responsabile insieme a tutti gli altri grani del raddoppio in dieci anni della quantità di grano prodotto in Italia, ma è il Senatore Cappelli, rilasciato nel 1923, un grano duro molto produttivo e altamente proteico (perché a basso contenuto di glutine ma comunque adatto alla pastificazione) che divenne un successo tra gli agricoltori italiani.

Nonostante i grani ad alta resa di Strampelli fossero stati visti con molto sospetto, sparirono dalla circolazione molte varietà di grano.

4. MUTAZIONI GENETICHE

Ogni essere vivente, animale e vegetale, può essere suddiviso in apparati e sistemi (per esempio apparato respiratorio e sistema nervoso), ogni apparato e ogni sistema è un insieme di organi che collaborano ad uno scopo comune (per esempio lo stomaco e l'intestino sono organi appartenenti all'apparato digerente), ogni organo che funziona come un'unità specializzata è composto da tessuti diversi e quest'ultimi infine da cellule.

Come in chimica l'atomo è la più piccola parte indivisibile della materia (si può dividere in particelle elementari ma non avremmo più materia), in biologia la cellula è la più piccola struttura vivente. Sta di fatto che ci sono dei microrganismi, come virus e batteri, che sono monocellulari.

Le cellule di ogni essere vivente seppur siano diverse tra di loro (perché come già detto compongono tessuti diversi) hanno all'interno un unico DNA (famosa struttura a doppia elica) che rappresenta il patrimonio genetico ovvero le istruzioni che la cellula deve leggere ed eseguire. Ogni cellula leggerà quindi solo una parte del DNA, quella di suo interesse, ricevendo all'inizio della sua esistenza (cellula staminale) degli input dall'esterno, per esempio, da cellule già adulte, diventando quindi cellule specializzate.

Le cellule, a eccezioni di alcune tipologie, non sono le stesse che un essere vivente ha dalla nascita, ma queste si rigenerano creando altre cellule geneticamente identiche a se stesse per poi morire. Fa parte del naturale ciclo della vita, nascere, crescere, procreare e morire. Ogni cellula del corpo umano, per esempio, ha una vita relativamente breve, anche un solo giorno, e comunque non più di un mese. Durante per esempio la mitosi (è il termine con cui si indica una delle tipologie di riproduzione cellulare) è necessario, prima di "partorire" nuove cellule, effettuare la duplicazione del DNA mediante un complesso meccanismo. La duplicazione prevede la divisione della doppia elica a una delle due estremità, la copia delle due porzioni "sfilacciate" e l'unione complementare di quest'ultime ai due filamenti originali. Quindi man mano il DNA si divide in due se ne avvolgono altre due nuovi ma con lo stesso patrimonio genetico.

La quantità di cellule quindi che vengono rigenerate giorno per giorno è estremamente alta, basti pensare che il numero di cellule nel corpo umano è circa 200 volte più grande del numero di stelle che ci sono nella nostra galassia, perciò è facilmente prevedibile una naturale convivenza con ordinari errori, seppur piccoli.

Questi errori accadono anche durante l'affascinante processo della fecondazione e cioè, per fare un esempio concreto, quando una cellula spermatozoo e una cellula ovulo (che nella riproduzione, appunto, sessuata sono detti gameti) sono generati entrambi con dei piccoli difetti ricombineranno i due patrimoni genetici e concepiranno un essere che di fatto ha subito una mutazione genetica, una modifica al materiale genetico (DNA) dovuto al caso.

È bene ricordare che le mutazioni genetiche casuali insieme alla selezione naturale sono la base della teoria dell'evoluzione.

Alla luce di questo anche il paradosso dell'uovo e della gallina, utilizzato già da alcuni antichi filosofi per enfatizzare l'inutilità di un discorso o l'incapacità di giungere a determinate conclusioni, è ormai tramontato.

Lascio al lettore la risposta scientifica.

Il numero di queste mutazioni è comunque molto basso, parliamo per l'uomo di alcune decine di mutazione, un numero che resta oltretutto estremamente irrisorio se rapportato al numero elevatissimo di geni. Inoltre la maggior parte di queste mutazioni sono "neutre", nel senso che avvengono in porzioni di geni non lette da nessuna tipologia di cellule dunque, ininfluenti sul corretto svolgimento del loro compito, e rendono quest'ultime delle cellule del tutto normali. Mentre ci sono rare mutazioni "positive" che portano a lungo andare dei veri e propri vantaggi evolutivi, ma anche rare mutazioni "negative" e quindi destinate all'estinzione.

5. RADIAZIONI

Un po' di chimica.

Tutta la materia è costituita da unità elementari chiamati atomi. L'atomo ha una struttura formata da un nucleo, all'interno del quale ci sono due tipi di particelle, i protoni e i neutroni, e intorno a questo nucleo girano altre particelle chiamate elettroni.

Un po' di chimica nucleare.

Sentiamo sempre più spesso parlare di sostanze, scorie o nubi radioattive. Ma cosa sono queste radiazioni.

Le radiazioni sono emissioni, da parte di una sostanza nello spazio circostante, di particelle ed energia.

Le particelle che una sostanza può "lanciare" sono di due tipi, le cosiddette particelle alfa, che sono praticamente dei nuclei di elio (due protoni e due neutroni) e le particelle beta che sono praticamente degli elettroni.

L'elevata sezione d'urto delle particelle alfa rendono queste radiazioni poco penetranti (anche se scagliate a decine di milioni di Km/h) e possono essere fermate con un semplice foglio di carta e anche dalla pelle umana. Mentre gli elettroni, che hanno una massa 2000 volte più piccola di quella di un protone o neutrone e sono scagliati a velocità prossime a quelle della luce, forniscono alle particelle beta un potere un po' più penetrante rispetto a quelle alfa e possono essere comunque facilmente fermate con una sottile lastra metallica ma penetrano per qualche centimetro attraverso la pelle umana.

Invece l'energia emessa (sotto forma di energia elettromagnetica) viene propagata nello spazio circostante attraverso delle onde, dette appunto onde elettromagnetiche, ad altissima frequenza.

Le onde elettromagnetiche sono quindi il risultato della propagazione nello spazio (alla velocità della luce) di un campo elettromagnetico (campo elettrico e campo magnetico simultaneamente) generato da una carica elettrica oscillante. Le onde elettromagnetiche sono classificate in funzione della loro frequenza (numero di oscillazioni al secondo) e questo parametro è un indice della potenza di questa energia trasportata.

L'insieme di tutte queste frequenze si chiama spettro elettromagnetico.

Si parte dalle onde radio (utilizzate per trasportare informazioni come avviene per esempio nei telefoni cellulari), si passa alle microonde (utilizzate per trasportare energia come avviene per esempio in quegli elettrodomestici impropriamente chiamati forni), agl'infrarossi (utilizzati per esempio per alcuni tipi di termometri a distanza), al visibile (quando si arriva a quelle frequenze percepibili dall'occhio e questo significa che la luce non è altro che un'onda elettromagnetica), all'ultravioletto (utilizzato per esempio come germicida nella sterilizzazione di strumenti e, com'è ovvio che sia, anche di alimenti come uova, castagne, ecc.), ai raggi x (utilizzati per esempio in medicina nella diagnostica per immagini), per poi terminare ai raggi gamma (utilizzati per esempio nella medicina nucleare).

A differenza delle particelle (alfa e beta), le radiazioni elettromagnetiche ad altissima frequenza (raggi gamma) hanno un elevato potere penetrante e devono essere fermate da materiali densi come il piombo o altri materiali meno densi ma con spessori sempre più crescenti ma attraversano completamente il corpo umano.

I raggi gamma, come possiamo immaginare, producono negli esseri viventi effetti simili a quelli dei raggi X (anche se quest'ultimi vengono comunque bloccati dalle ossa) come ustioni e mutazioni genetiche, ma è sufficiente intuire la pericolosità di alte frequenze già osservando che gli ultravioletti sono letali per ogni forma di vita.

La vita sulla Terra esiste perché l'atmosfera che ci circonda e il suo campo magnetico ci proteggono dai raggi cosmici e dalle radiazioni di origine solare.

Perché sulla Terra, in natura, ci sono radiazioni, ossia ci sono delle sostanze radioattive?

Consideriamo tutti gli elementi chimici che si trovano sulla Terra, dall'idrogeno con numero atomico 1 (nucleo composto da un solo protone) all'uranio con numero atomico 92 (nucleo composto da 92 protoni) ed aggiungiamo i circa 200 isotopi.

Gli isotopi di un elemento, come immagino sappiamo, sono elementi aventi lo stesso numero atomico, quindi lo stesso numero di protoni, ma diverso numero di neutroni.

La maggior parte di questi quasi 300 nuclei sono stabili e in natura solo pochi, circa 25, sono instabili. Un nucleo si dice instabile quando nel tempo l'atomo si trasforma spontaneamente, perdendo delle particelle e dell'energia, in atomi diversi da quelli di partenza (trasmutazioni) fino ad arrivare a un nucleo stabile e con energia totale minore (catena di decadimento radioattivo naturale). Questi elementi sono dotati quindi di radioattività naturale.

Uno dei parametri utilizzati per indicare la stabilità di questi isotopi è il tempo di dimezzamento, cioè il tempo occorrente affinché la metà degli atomi di un campione perde la radioattività. Più breve è il tempo di dimezzamento, meno stabile è l'atomo e più alta è la sua radioattività.

Il tempo di dimezzamento è estremamente diverso da elemento ad elemento, infatti ci sono elementi altamente radioattivi (per esempio come il Rutherfordio) con tempi di dimezzamento di qualche minuto, ma fortunatamente è rarissimo avere il "piacere" di incontrare questi isotopi in natura in quanto sono isotopi sintetici, ed elementi la cui radioattività è trascurabile (per esempio come il Bismuto) che hanno tempi di dimezzamento anche di milioni di anni.

Infine ci sono elementi radioattivi con un tempo di dimezzamento fino a 100 anni (per esempio come il

Polonio) che possono causare gravi pericoli per la salute ed elementi radioattivi con un tempo superiore a 1000 anni (per esempio come il Radio) che possono comunque causare lievi pericoli per la salute.

Oltre alla radioattività naturale (raggi alfa, raggi beta e raggi gamma) è doveroso accennare anche alla radioattività neutronica, non naturale, ma indotta dalla scissione nucleare per la produzione di energia atomica. Questi neutroni sono fino a 10 volte più dannosi dei raggi gamma.

6. MUTAZIONI INDOTTE

La mutagenesi non è altro che una mutazione genetica indotta da agenti detti appunto mutageni (chimici o fisici) tra cui proprio dalle radiazioni nucleari.

Per esempio il Creso è un grano duro (molto diffuso in tutto il mondo) che proviene dall'incrocio di una linea mutante indotta da radiazioni (gamma e neutronica) del Senatore Cappelli con un altro grano duro, entrambi a paglia corta. E per fare un altro esempio atto a demolire alcune credenze di noi consumatori possiamo discutere anche del pompelmo rosa e garantire che non è una varietà naturale ma è frutto anch'esso di mutazioni genetiche indotte.

Dopo la seconda guerra mondiale (drammatica anche per l'esito finale del progetto Manhattan) molti ricercatori cominciarono a utilizzare le radiazioni nucleari per modificare le caratteristiche delle piante esistenti imparando comunque a domare man mano il potere distruttivo di questi raggi.

Ci sono infatti ancora oggi dei laboratori a cielo aperto, dei campi circolari con la sorgente radioattiva disposta al centro e i semi che si desidera mutare piantati nei vari settori del cerchio, a diverse distanze. L'esposizione diminuisce all'aumentare della distanza e quindi in questo modo è più facile trovare la dose di radiazioni che genera dei mutanti senza la totale distruzione.

Come già detto, le mutazioni spontanee sono uno dei motori dell'evoluzione e la vita sulla Terra si è sviluppata da qualche cellula primordiale. Il grano, i cani, gli uomini, sono il risultato di questa lenta evoluzione, ed è impensabile sostenere che queste forme di vita siano sempre esistite. Sono forme di vita diverse tra loro ma hanno una moltitudine di geni in comune.

Aver sottoposto dei semi a radiazioni nucleari significa fondamentalmente aver dato un'accelerata (forte) alla natura.

Almeno da qualche decennio questi prodotti si trovano sulle nostre tavole e non c'è alcun modo per tornare indietro, ma è bene assicurare che sono stati fatti decenni di prove. Oltre quindi al già citato pompelmo rosa possiamo trovare mele, pere, pesche ed altre decine di tipi di frutta.

L'orzo è stato per esempio il pioniere delle mutazioni indotte e a distanza di 40 anni dalle prime sperimentazioni questo ha portato un profondo impatto sulla produzione di birra in molti paesi.

Ma la lista di prodotti con delle varietà mutanti è piuttosto lunga e si va dal riso all'orzo, dai piselli ai fagioli, e molti di queste sono stati sviluppati anche in Italia.

Questi prodotti sono stati geneticamente modificati dall'uomo e sono in sostanza degli OGM ma dal punto di vista legale no, perché le mutazioni genetiche indotte non rientrano tra le tecniche previste dai burocrati.

Inoltre le tecniche per indurre le mutazioni genetiche sono state usate anche sugli animali, per rendere per esempio sterili i maschi delle zanzare tigri, note come portatrici di pericolosi virus per l'uomo.

Certo, le radiazioni nucleari hanno messo a soqquadro il DNA delle zanzare, senza necessità di chiedere permessi, ma il buon senso ci dice che questi sono a tutti gli effetti degli OGM.

7. OGM

Negli anni 50 fu finalmente individuata la celebre struttura a doppia elica del DNA che suggerì tra l'altro il meccanismo (come già accennato) della sua replicazione (separazione dell'elica nei due filamenti ricostruzione di filamenti complementari a entrambi).

Negli anni 70 fu fatto il primo passo sulla manipolazione dei geni e relativa ricombinazione, ossia estrazione del DNA mediante rottura della cellula, frammentazione delle molecole mediante un opportuno kit di enzimi, identificazione e separazioni dei frammenti interessati e inserimento di geni proveniente anche da altri organismi con varie tecniche (per esempio per microiniezione).

La nascita dell'ingegneria genetica ha permesso, in sintesi, di isolare geni, clonarli e introdurli in un ospite differente, come obiettivo di conferire nuove caratteristiche alle cellule riceventi.

L'inserimento di geni provenienti da organismi della stessa specie viene chiamata cisgenesi. La mela Santana, per esempio, è la prima mela ipoallergenica al mondo.

L'inserimento di geni provenienti da organismi di specie diversa, anche da batteri, viene chiamata transgenesi. Il mais MON 810, per esempio, prodotto dalla Monsanto e utilizzato in tutto il mondo, è un mais capace di difendersi dall'attacco di alcuni insetti in quanto geneticamente modificato, inserendo un gene di un batterio, con l'obiettivo di produrre una tossina velenosa appunto per gli insetti ma comunque innocua per l'uomo.

È in ogni caso indiscutibile che gli OGM siano più controllati rispetto alle piante sottoposte a radiazioni nucleari, in quanto mutazioni genetiche alla cieca potrebbero portare modifiche non evidenti a livello molecolare e che potrebbero compromettere tutte quelle trasformazioni chimiche necessarie per il sostegno vitale delle cellule (metabolismo).

Inoltre l'ingegneria genetica è utilizzata anche per creare batteri OGM in grado di produrre ormoni a uso medico, come l'insulina, per produrre vaccini e molte altre sostanze.

8. CRISPR

La CRISPR è una biotecnologia inventata pochissimi anni fa e si è già notevolmente diffusa perché molto potente e precisa, di facile impiego ed anche economica. CRISPR è una sigla attribuita, quando furono scoperti, a determinati segmenti di DNA di un batterio che contengono delle particolari sequenze provenienti da virus da cui è stato attaccato in passato. Questa biotecnologia è stata quindi adattata da qualcosa che esisteva già in natura perché è utilizzata appunto da alcuni batteri per difendersi dall'attacco dei virus.

Come già raccontato, le attuali tecniche per produrre gli OGM prevedono il prelievo di un gene da qualche specie e l'inserimento nell'organismo che voglio modificare. Questo trasferimento genetico, che non è così semplice come descritto, necessita di operazioni da fare su intere sequenze per condurre la cellula a leggere le nuove istruzioni e vengono per esempio aggiunti i cosiddetti geni promotori, quelli che ne indicano la fine, ecc. Tutto queste complesse modifiche lasciano delle tracce che rendono identificabile ogni forma di OGM e ovunque si producano vengono registrati e regolamentati.

La CRISPR invece fa parte di quelle biotecnologie chiamate di Editing perché permettono (studiando preventivamente le opportune sequenze) di trattare direttamente il gene che si vuole modificare senza necessità dei "taglia" ed "incolla" previsti per le già consolidate biotecnologie. Praticamente è possibile con questo nuovo metodo modificare il DNA esattamente come potrebbe avvenire in una mutazione spontanea. Per farla breve questa biotecnologia non lascia alcuna traccia. È possibile, per fare un esempio esagerato, modificare geneticamente un kiwi facendolo diventare rosso e a forma di cuore e asserire a tutta la comunità che si tratta di una mutazione spontanea e cioè di aver trovato questo strano kiwi direttamente sulla pianta. In conclusione oggi è possibile sfuggire alle attuali regolamentazioni a cui sono sottoposti gli OGM.

Ricordiamo, come già detto per le mutazioni indotte, che attualmente la legislazione regolamenta solamente il modo con cui si effettua una modifica, non la modifica stessa. Speriamo che la legislazione si estenda quanto prima anche a questa nuova biotecnologia.

9. CONCLUSIONI

Sono confidente di aver centrato l'obiettivo di aver sufficientemente informato il lettore circa gli impegni e le responsabilità che gli scienziati assumono per portare sulle nostre tavole prodotti con caratteristiche sempre migliori.

Spero però di non aver creato inutili paure nel diffondere un po' di cultura generale toccando inevitabilmente anche dei timorosi argomenti e non aver inculcato inutili pregiudizi sottolineando che il rilascio di questi alimenti avviene dopo concreti e considerevoli test dagli indubitabili risultati positivi.

INDICE